PÉTER BARNAKY

PANTHER ON THE BATTLEFIELD 2

★ WORLD WAR TWO PHOTOBOOK SERIES ★

volume 11

Kiadja/Published by
PeKo Publishing Kft.
8360 Keszthely, Bessenyei György utca 37.
Email: info@pekobooks.com
www.pekobooks.com
www.facebook.com/PeKoPublishing

Felelős kiadó/Responsible publisher
Péter Kocsis

Írta/Author
Péter Barnaky

A magyar szöveget szakmailag lektorálta/ Hungarian text's proofreading
Dr. Norbert Számvéber

Printed in Hungary

Fotók/Photos
Péter Kocsis, Pierre Tiquet, Stefan de Meyer, Paul Johnson, James Haley, NARA, AMC, Gelders Archief, TsAMO, RGAKFD, LAC

Kiadás éve/First published
2016

ISBN 978-615-80072-9-0
ISSN 2063-9503

KÖSZÖNETNYILVÁNÍTÁS

Számos segítőm akadt, akik nélkül ez a kiadvány nem készülhetett volna el. Elsősorban Kocsis Pétert kell megemlítenem, aki mint kiadó, végig figyelemmel kísérte és felügyelte munkámat, és nem mellékesen rengeteg fényképpel gazdagította a könyvet. Párom, Évi mindvégig nélkülözhetetlennek bizonyult, nélküle talán bele sem kezdtem volna. Szakmai téren Pánczél Mátyás, Mirko Bayerl és lektorként Dr. Számvéber Norbert barátaim csiszolták írásomat. Végül, de nem utolsósorban, Stefan De Meyer, Paul Johnson, Pierre Tiquet, James Haley számos fényképpel gazdagította a fotómonográfiát.

ACKNOWLEDGEMENTS

Many people assisted me, without whom it would not have been possible to make this publication. First of all I have to mention Péter Kocsis, who as a publisher, monitored and supervised my work all the way, and who enriched the book with several photographs. My partner, Évi, who proved to be essential all along and without whom I would probably not have started this project. From professional point of view my friends; Mátyás Pánczél, Mirko Bayerl and as proofreader Dr. Norbert Számvéber, refined my writing. Last but not least, Stefan De Meyer, Paul Johnson, Pierre Tiquet, James Haley enriched this publication with plenty of pictures.

BEVEZETŐ

A német katonai vezetés a Panther hadrendbe állításával eredetileg a már meglévő páncéloshadosztályait kívánta megerősíteni. Ennek értelmében a páncélosezredek egy-egy (néhány kivételtől eltekintve az I.) osztályát akarták az új páncélosokkal felszerelni. Ezért a kijelölt alakulatok személyi állományát fokozatosan kivonták hadosztályaik alárendeltségéből és megkezdték átképzésüket az új típusra.

A Panther-osztályok a kiképzést követően általában visszatértek anyahadosztályukhoz. Az időközben kialakult hadi helyzet miatt azonban néhány egységet önálló, általában fővezérség-közvetlen alakulatként [Heerestruppen] voltak kénytelenek alkalmazni, illetve ideiglenesen több Abteilung is idegen alárendeltségbe került.

Az 1943. január 10-én érvénybe lépett hadi állománytáblák (Kriegsstärkenachweisung - K.St.N) alapján egy Panher-osztály összesen 96 darab Pantherrel rendelkezett: az osztály törzsszázadának (K.St.N. 1150a) híradószakaszában 3 (ebből 2 parancsnoki változat), felderítőszakaszában 5 darab páncélossal, a négy században (K.St.N. 1177) pedig századonként 22 darab harckocsival (2 Panther a századtörzsben, 5-5 Panther a század négy szakaszában). 1943 júniusától a módosított előírás szerint az osztálytörzs híradószakaszában már mindhárom páncélos parancsnoki változat volt. Ugyanakkor számos osztály már eleve kisebb mennyiségű Pantherrel lett ellátva: a századok állományát több esetben 17 darabra csökkentették (elhagyták a negyedik szakaszt, így az összmennyiség 76 lett), illetve előfordult, hogy a törzsszázad felderítőszakaszát sem szerelték fel Pantherrel (ezáltal az osztályok páncélos-állománya 71 darabot tett ki). Az 1943 őszén napvilágot látott újabb szervezési előírások alapján a Pantherek már a páncélosezredek törzsében is helyet kaptak, hiszen az egyik novemberi keltezésű állománytábla alapján (K.St.N. 1150a) a híradószakaszba 3 parancsnoki, a felderítőszakaszba 5 csatár változatú páncélos került (egy másik, szintén ekkor datált állománytábla szerint azonban csak a híradószakaszt kellett Pantherekkel felszerelni). Végül a legtöbb esetben a 17 kocsiból álló századokon alapuló szervezeti felépítés valósult meg, 3 (parancsnoki) + 5 páncélossal az osztály- és 3 (parancsnoki) páncélossal az ezredtörzsben.

Az 1943-as esztendőben összesen nyolc Panther-osztályt irányítottak a keleti frontra, de a fentiek értelmében már ezek is egymástól eltérő állománnyal rendelkeztek. Csupán négy alakulat számlált (papíron) 96 darab Panthert, két-két egység pedig csak 76-76, illetve 71-71 darabot.

1944-ben tovább folytatódott a Panther-osztályok felállítása, amit a hadi helyzet alakulása igencsak megnehezített. Mint említettük, néhány frissen alakult osztály nem is került vissza saját egységéhez, hanem önálló alakulatként tevékenykedett egészen a háború végégig. Megint más osztályok idegen alárendeltségben, idegen hadosztályok irányítása alatt vették ki részüket a harcokból, és csak később csatlakoztak saját páncélosezredükhöz.

Az 1944. július 11-én kelt (majd július 24-én módosított) utasítás alapján hozták létre a Hitler által megálmodott önálló páncélosdandárokat. Elsődleges feladatuk a frontokon hirtelen bekövetkező ellenséges áttörések felszámolása lett volna. Az elképzelés szerint egy, a hadosztálynál kisebb, mozgékonyabb és legfőképp gyorsabban reagáló egységet akartak létrehozni. Egy-egy ilyen páncélosdandár fő ütőerejét egy lövészpáncélosokon szállított páncélgránátos-zászlóalj, egy páncélos-osztály és egy szintén lövészpáncélosokon szállított páncélos-utászzászlóalj alkotta – természetesen a megfelelő támogató és ellátó alakulatokkal együtt. A páncélosdandár páncélososztályának jármű-állományát azonban jelentősen lecsökkentették a páncélosezredek hagyományosnak tekinthető páncélososztályaihoz képest. Az osztály törzsében 3 parancsnoki Panther és 4 légvédelmi páncélos teljesített szolgálatot, míg az osztály négy páncélosszázadából hármat szereltek fel egyenként 11 Pantherrel (a negyedik páncélvadász-századba 11 Pz. IV/70 vadászpáncélos került). Ezen előírás szerint egy páncélosszázadnak három háromkocsis szakasza volt, illetve a századtörzsben két további páncélosa, így egy páncélosdandár összesen 36 Pantherrel rendelkezett. Az 1944-ben felállított, Pantherekkel felszerelt tíz önálló páncélosdandár zömét azonban az egyre kritikusabbá váló helyzet miatt kénytelenek voltak betagolni a különböző, egyre leharcoltabb páncéloshadosztályok állományába.

A páncélos csapatok számára 1944. november 1-jén kiadott új állománytáblák elméletben tovább csökkentették a páncélos egységek Panthereinek mennyiségét (századonként 17, 14, illetve 11 darabra), a valóság azonban sok esetben igencsak eltért a papírformától. A páncélososztályok a rendelkezésükre álló páncélosok mennyisége alapján alakították ki hadrendjüket, nem volt ritka a vegyes állományú osztály sem (ilyen volt többek között az 1. „LSSAH" SS-páncéloshadosztály 1/I. SS-páncélososztálya is 1944 végétől a háború végéig – csak két század rendelkezett Pantherekkel, két század pedig Pz. IV harckocsikkal). A háború utolsó évében számos esetben csupán tíz harckocsi alkotott egy páncélosszázadot, de a bevethető és hadrafogható Pantherek száma általában alakulatonként ennél is kisebb volt.

A német vezetés a hiányosságok és nehézségek ellenére ugyanakkor igyekezett úgy átszervezni csapatainak hadrendjét, hogy a Panther fokozatosan átvegye a Pz. IV-ek helyét. Erre a legjobb példa talán az 1. páncéloshadosztály, amelynek 1/5. páncélosszázada – amely korábban Pz. IV-ekkel volt felszerelve – 1945 januárjában már Pantherekkel tért vissza a németországi feltöltésről, illetve ugyanennek az alakulatnak a 7. páncélosszázada, amely 1945 elején már szintén Pantherekkel harcolt.

A legutolsó hónapokban már szó szerint az utolsó Panthereket is kiutalták a harcoló csapatoknak, ezek azonban már vajmi keveset segíthettek Németországon. A lőszer-, üzemanyag- és alkatrészhiány, az egyre fogyatkozó jól képzett állomány, a tehetetlenné váló vezetés és irányítás, a legtöbb esetben hanyatló harci szellem, és természetesen a szövetségesek nyomasztó fölénye pontot tett a németek alkalmazásában bevetett Pantherek történetének végére.

Barnaky Péter

INTRODUCTION

With the deployment of the Panther the German High Command intended to strengthen the already existing Panzer-Divisions. Accordingly one of the Abteilungs (usually the I. Abteilung) of every Panzer-Regiment were equipped with the new tanks. Because of this the selected units were pulled out from frontline service one by one and sent for retraining.

They later returned to their parent divisions and joined their actions (a few of the newly formed Abteilungen were used as independent units (Heerestruppen), others were subordinated to different divisions due to the current situtation).

According to the organization chart (Kriegsstärkenachweisung - K.St.N) dated 10.01.1943. a Panther-Abteilung consisted of 96 tanks altogether: the headquarter company's (K.St.N. 1150a) signals platoon had 3 Panthers (two of them were Befehlspanther), its recon platoon had 5 Panthers and the Abteilung's four companies (K.St.N. 1177) had 22 Panthers each (two Panthers for the Kompanie-Trupp and 5 Panthers in each platoon). From June 1943 according to the modified orders all three Panthers were command versions in the headquarter's signals platoon. Despite the organization charts a lot of Abteilungs received less Panthers: in most cases the companies had only 17 panzers (the 4th platoon was deleted, so the total number of Panthers were 76). Furthermore the recon platoon of the headquarters wasn't equipped with Panthers (which means the total number was only 71). According to the newer organizing orders in autumn of 1943 the Panthers already appeared in the headquarters of the Panzer-Regiments: due to one of the organization charts dated November 1943 (K.St.N. 1150a) there were 3 Befehlspanthers in the signals platoon and 5 Panthers in the recon platoon of the regiment's headquarters (though due to another organization chart from the same time only the signals platoon had to be equipped with Panthers). But in the end in most cases the companies were equipped with 17 Panthers each, with 3 (command) +5 Panthers in the Abteilung's headquarters and 3 (command) Panthers in the Regiment's headquarters.

In the year of 1943 altogether eight Panther-Abteilungen were sent to the Eastern Front, but due to the previously mentioned orders they had completly different organizations. Only four units had 76 Panthers (officially) and two units had 76 and 71 tanks.

In 1944 they continued to organize further Panther-Abteilungen which was rather difficult because of the new war situation. As we mentioned some of the newly formed Abteilungen weren't sent back to their own divisions but acted as an independent unit until the end of the war. Other Abteilungen were fighting under the subordination of different divisions, and joined their own troops at a later date.

The independent Panzer-Brigades were formed according to the order dated 11 July 1944 (modified on 24 July). Their main task was to prevent and eliminate sudden hostile acts. The idea was to create a smaller, more mobile and quicker reacting unit. The main strengths of a Panzer-Brigade like this were a Panzergrenadier-Battalion (with armoured halftracks), a Panzer-Abteilung and a Panzer-Pioneer-Battalion (also with armoured halftracks) – certainly with the needed support units. The roster of the Panzer-Brigade's Panzer-Abteilung was greatly reduced compared to the „traditional" Panzer-Regiment's Abteilung. The headquarters had three Befehlspanthers and four Flakpanzer IV's while three companies out of four were equipped with 11 Panthers (the 4th Company had 11 Pz IV70(V) tank-hunters). According to this regulation one Panzer-Kompanie had three platoon with 3 panzers each and the headquarter of the company had two more tanks so the Panzer-Brigade had 36 Panthers altogether. Most of the ten independent Panzer-Brigades equipped with Panthers formed in 1944 were to be subordinated to different and mainly battered Panzer-Divisions because of the increasingly critical situation.

The new organization charts released on 1 November 1944 for the Panzertruppen theoretically decreased the number of the Panthers in the tank units (17,14 and 11 tanks per company), but in most cases the reality was far from this. The organization of the units was set up according to the number of their available tanks. In many cases they created mixed units (for example the I./SS-Pz.Rgt. 1 of the 1. „LSSAH" SS-Panzer-Division had only two companies of Panthers and two companies of Pz. IVs from the autumn of 1944 until the end of the war). In the last year of the war in many cases only ten tanks formed a Panzer-Kompanie, but the number of available and operational Panthers was usually less than this.

Despite the difficulties and deficiencies the German leadership tried to reorganize its troops in order to put the Panthers in the premier position instead of the Pz. IVs. The 1. Panzer-Divison might be the best example of this: its 5th Panzer-Kompanie, which was previously equipped with Pz. IVs, returned to Hungary from Germany with Panthers in January 1945; and its 7th Panzer-Kompanie was fighting with Panthers as well in the beginning of 1945. Furthermore, its 6th Panzer-Kompanie had to hand over its Pz. IVs to the Division's Panzer-Artillery Regiment, Panzerjäger-Abteilung and Feld-Ersatz-Battalion at the end of Fenruary 1945 – because they wanted to start their retraining on Panthers. But the retraining never happened as the war was close to the end.

In the last months even the very last Panthers were issued to the fighting troops but these didn't really help Germany. The lack of ammunition, fuel and spare parts, the vanishing well-trained crews, the incapable leadership, the declining moral and the depressing and overhelming superiority of the Allied Forces finished the story of Panthers in the Wehrmacht.ű

Péter Barnaky

AMC

1943 júliusában gyártott Panther Ausf. D egy gyárudvaron. A toronyra már nem szerelték fel a ködgránátvetőket, de a homlokpáncélzaton még két fényszóró található, a futógörgőkön pedig 16-16 csavart számlálhatunk. A motortér felett a vízi átkeléshez szükséges légcső csatlakozójának páncélozott burkolatát is felfedezhetjük.

Panther Ausf. D produced in July 1943 in a factory yard. The smoke grenade dischargers are no longer mounted on the turret, but there are still two headlights on the glacis plate and there are 16 bolts on the wheels. On the rear deck the armoured cover of the air intake pipe required for river crossing can be seen.

Panther Ausf. D-k 1943 kora nyarán Grafenwöhrben. 1943 áprilisában a fellépő hibák és hiányosságok kiküszöbölése végett az összes, már a csapatoknál lévő Panthert visszaszállították Falkenseebe és Nürnbergbe. Májusban, az átépítési program végeztével ugyan kiutalták a késznek nyilvánított harckocsikat az 51. és 52. páncélososztályok részére, de a továbbra is jelentkező problémák miatt hamarosan mindet újra Németországba szállították.

Panther Ausf. Ds in early summer 1943 at Grafenwöhr. In order to eliminate the errors and shortcomings all the Panthers were returned to Falkensee and Nürnberg. At the end of the rebuilding programme in May the completed tanks were issued to Panzer-Abteilung 51 and 52, but due to the remaining problems they were soon sent back to Germany.

Az 51. páncélososztály Panther Ausf. D-je, már a kurszki csatát követő időszakban felfestett „lopakodó párduc" jelzéssel. Az osztály a hadtörténelem egyik legnagyobb páncélos összecsapását követően továbbra is a „Großdeutschland" páncélgránátos-hadosztály alárendeltségében maradt (egészen 1944 januárjáig), mivel annak saját Panther-osztálya még felállítás alatt volt.

Panther Ausf. D of Panzer-Abteilung 51 with the „Stealth Panther" emblem painted after the battle of Kursk. The Abteilung remained under the subordination of „Großdeutchland" Panzer-Grenadier Division after one of the greatest tank battles in military history (until January 1944), as its own Panther-Abteilung was still under development.

Ezen a Panther Ausf. D-n még két első lámpa látható, így 1943 júliusa előtt készült. A páncéltest jobb oldalára rögzített ládát valószínűleg Grafenwöhrben szerelték fel a harckocsira, amikor az összes Panthert visszaszállították Németországba, hogy orvosolják a típus gyermekbetegségeit.

This Panther Ausf. D still has two headlights so it was made before July 1943. The toolbox fixed on the right side of the hull was probably mounted at Grafenwöhr when all the Panthers were returned to Germany to fix the issues.

James Haley

A két első lámpa és a ködgránátvetők, illetve az irányzóműszer feletti esővető hiánya okán ez a Panther 1943 júniusában készülhetett. Már valószínűleg megkezdték a páncélos kivontatását, legalábbis az előtte látható lánctalpnyomból erre lehet következtetni.

As the two headlights, the rainguards above the gun sight and the smoke grenade chargers are missing, this Panther Ausf. D was built in June 1943. They probably started the recovery of the vehicle as we can see traces of tracks in front of it.

Ez az 1943 júliusa előtt gyártott Panther Ausf. D minden bizonnyal teljes veszteségként lett elkönyvelve, hiszen láthatóan kiégett – márpedig a tűz olyan elváltozásokat okoz a páncélzat szerkezetében, amelyek miatt többé már nem alkalmas a feladat ellátására. A motortér közepén, hátul, a vízen való átkeléshez szükséges légcső bekötési pontja látható.

This Panther Ausf D produced before July 1943 is certainly a total loss because it was burnt out – the fire caused such changes in the structure of metal which made it unsuitable for further uses. The armoured cover for the air intake pipe is present on the rear deck.

A következő két képen egy Büssing NAG 4500L tehergépkocsira szerelt Bilstein-daru segítségével igyekeznek motort cserélni egy Panther Ausf. D-ben. A németek legendás precizitását ismerve szinte hihetetlen, hogy a korai Pantherek motorjai többek közt azért is kigyulladhattak, mert az üzemanyag-vezetékek illesztései pontatlanok voltak, és a kiszivárgó benzin lángra kapott a felforrósodott alkatrészeken.

In the next two pictures the maintenance crew is trying to change the engine of a Panther Ausf. D with the help of a Bilstein-crane built on a Büssing NAG 4500L truck. Knowing the legendary precision of German manufacturing it is nearly unbelievable that the early Panther's engine caught fire because of inaccurate fuel lines and leaking fuel.

James Haley

A következő öt fényképen nyomon követhetjük, amint egy 1943 júliusában (erre utal a motortérre szerelt páncélozott légcső, az egyetlen első fényszóró, illetve a torony bal oldalán látható kapcsolattartó nyílás) gyártott Panther Ausf. D új típusú lánctalpat kap. Mind a korai, mind a későbbi gyártású lánctalp jelölése Kgs 64/660/160 volt, ám az utóbbi tagjainak felfekvő felületein már 6-6 kapaszkodó köröm volt.

In the next five pictures we can follow the steps as a Panther Ausf. D gets the new type of tracks (produced in July 1943 - armoured pot cover of air intake pipe, one headlight, and the communication opening on the left side of the turret). Both the early and late version of tracks were marked as Kgs 64/660/160, but the later version had six chevrons.

James Haley

A lánctalp felszereléséhez használt vékonyabb kábelt az emelő fa alátétje köré tekerve tárolták. Mivel egy-egy lánctag önmagában is igen súlyos volt, a teljes lánctalp felhúzásához vagy a páncélos saját erőforrását használták – ekkor a kábelt a meghajtókerékre rögzítették –, vagy egy másik jármű segítségét vették igénybe.

The thinner cable used for mounting the tracks was stored around the wooden block for the jack. As one tracklink itself was very heavy they used the tank's own power resources to pull the complete track into place – with the cable fixed onto the drive sprocket – or they used another vehicle's help.

James Haley

A képeken látható harckocsira már utólag, tábori körülmények közepette vihették fel a zimmerit bevonatot, s valószínűleg ennek is köszönhető, hogy az nagyobb felületeken hiányzik. Érdekes, hogy a hátulsó futógörgőket nem cserélték le a 24 csavaros változatra. A torony hátsó búvónyílásán látható fogantyú valószínűleg szintén tábori kivitelezésű.

This Panther received its zimmerit coating in the field which is probably why it is missing on large areas of its surface. It is interesting that the last wheels were not changed to the 24 bolted version. The handle on the rear plate of the turret was probably a field modification as well.

RGAKFD

A 23/II. páncélososztály (23. páncéloshadosztály) kiégett Panther Ausf. D páncélosa Sztalinóban (korábban, illetve napjainkban Donyeck), 1943 őszén. Az osztály saját jelentése szerint csak szeptember hónapban 28, műszaki mentésre váró páncélosukat kellett felrobbantani, elsősorban a vontatójárművek hiánya miatt. A képen látható páncélos 1943. június/júliusban készült – csak az ebben az időszakban gyártott csekély mennyiségű Panthert látták el a motortér tetején, a képen a lövegcső alatt látható légcső-bekötési ponttal.

A burnt out Panther Ausf. D of II./Pz.Rgt. 23 (23. Panzer-Division) at Stalino (nowdays Donietsk), autumn 1943. According to the Abteilung's own report, in September they had to blow up 28 Panthers which were waiting for repair – mainly due to the lack of towing vehicles. This panzer was made in June/July 1943 – only the small amount of Panthers made in this short period mounted the armoured pot cover for the air intake pipe.

NARA

Egy igazi veterán a nyugati fronton, valószínűleg Németországban. A Panther Ausf. D-k egy része – igaz, nem nagy számban – a háború végéig ellátta szolgálatát. A torony oldalán, a kisebb méretű közelharc-nyílás mellett jól látható a kapcsolattartó-nyílás is. A tároló dobozon olvasható felirat a kíváncsiskodó katonákat figyelmezteti a veszélyre: rejtett robbanószer.

A real veteran of the Western Front, probably in Germany. Some of the Panther Ausf. D's – though not in large numbers – fought to the very last days of the war. On the side of the turret next to the small pistol port we can see the communication port too. The writing on the tool box is warning the soldiers of the danger: Hidden explosive!

Péter Kocsis

Az 52. páncélososztály 1943 augusztusában gyártott Panther Ausf. D-je. A parancsnoki kupolán már megtalálható a légvédelmi géppuska gyűrűje, az első külső görgő pedig már 24 csavaros. Az osztály a kurszki csatát követően átvette az 51. páncélososztály megmaradt Panthereit, és a továbbiakban a 9. páncéloshadosztály 33. páncélosezredének állományában vett részt a harcokban.

Panther Ausf. D of Panzer-Abteilung 52 built in August 1943. It already has the ring of the anti-aircraft machine gun on the commander's cupola, and the outer roadwheel already has 24 bolts. After the battle of Kursk the Abteilung took over the remaining Panthers of Panzer-Abteilung 51 and took part in the battles as part of Panzer-Regiment 33 of 9. Panzer-Division.

1943 augusztusában gyártott Panther Ausf. D. A parancsnoki kupolán már megtalálható a légvédelmi géppuska gyűrűje, a homlokpáncélon csak egyetlen fényszóró van, a páncélost zimmerit-bevonat fedi. Figyelemre méltó, ahogy a görgők fényesre koptatták a lánctalp belső felületét.

Panther Ausf. D built in August 1943. It already has the ring of the anti-aircraft machine gun on the commander's cupola, there is only one headlight on the glacis plate and it is coated with zimmerit. Remarkably, the roadwheels have polished the inner surface of the track teeth.

Az 5. „Wiking" SS-páncéloshadosztály harcjárművei. Az előtérben álló páncélos valószínűleg már egy Ausf. A (zimmeritezett és kapaszkodó körmös lánctalpa van), míg a hátul álló egy 1943 augusztusában gyártott Ausf. D – már zimmerit-bevonat látható rajta, illetve a parancsnoki kupolát ellátták egy géppuska-tartó sínnel.

Tanks of 5. SS-Panzer-Division „Wiking". The tank in the foreground is probably an Ausf. A (it has zimmerit coating and there are chevrons on the tracks), while the one standing to the rear is an Ausf. D built in August 1943 – it already has zimmerit and the commander's cupola has a ring for the anti-aircraft machinegun.

1943 júniusa után gyártott Pantherek a keleti fronton. A harckocsikra már nem szerelték fel a ködgránátvetőket, viszont majd' mindegyiken tartalék futógörgők láthatóak, mivel a 16 csavarral szerelt változatok sérülékenynek bizonyultak. A kezdeti műszaki problémák mellett a legelső harctéri jelentések kiemelték a harckocsik személyzetének és a karbantartó egységek hiányos képzettségét is – ami természetesen nem az említettek hibájából fakadt.

Panthers on the Eastern Front produced after June 1943. The tanks are no longer mounted with smoke grenade chargers but almost all of them can be seen with spare wheels, as the 16 bolt versions proved to be vulnerable. In addition to the initial technical problems, the first battle reports highlighted the poor training of the crews and the maintanence staff – which of course wasn't their fault.

Utólag zimmeritezett Panther Ausf. D a keleti fronton. A harckocsik személyzete többnyire állandó készenlétben tartotta a vontatókábeleket – ez a korai gyártású Pantherek esetében indokolt is volt. A képen jól látható a kapaszkodókörmök nélküli lánctalp.

Panther Ausf. D on the Eastern Front which was zimmerited later on in the field. The crews of the tanks usually kept the towing cables in constant readiness, which was reasonable in the case of the early Panthers. The picture shows the track without the chevrons.

Három fénykép az 51. páncélososztály Panther Ausf. D páncélosairól, amelyek a kurszki csatát követően a szovjet Vörös Hadsereg zsákmányává lettek.

Three photos of Panther Ausf. Ds of Panzer-Abteilung 51, which became trophies of the Soviet Red Army after the battle of Kursk.

A motortér közepén látható alkalmatosság nem a parancsnoki járműveken alkalmazott csillagantenna tartója, hanem a vízi átkeléshez használt légcső bekötési pontja. Mivel a gyakorlat bebizonyította, hogy a rendelkezésre álló hadihídak elbírják a Pantherek súlyát, így időmegtakarítás végett néhány elkészült példány után ezeket már nem szerelték fel a harckocsikra.

The device in the middle of the engine deck is not the mount for the star aerial of the command version, but the armoured cover of the air intake pipe required for river crossing. As practice had shown, the pontoon bridges were strong enough to hold the weight of the Panthers so this feature was no longer installed on the tanks in order to save construction time.

1943 augusztusában készült Panther Ausf. D-k. Mindkét páncélos parancsnoki kupoláján látható a légvédelmi géppuska gyűrűje. Az elöl álló harckocsi első, külső futógörgőjének már megerősítették a csavarozását.

Panther Ausf.Ds produced in August 1943. We can see the ring of the anti-aircraft machinegun on both panzers' cupolas. The first outer roadwheel of the tank in the front has been strengthened.

Péter Kocsis

Ezt a Panzerbefehlswagen V Ausf. D-t utólag zimmeritezték le. A harckocsit 1943 júliusa előtt gyártották, mivel még két fényszóróval rendelkezik, a mágneses tapadóaknák elleni bevonatot azonban csak ugyanennek az évnek szeptemberétől kezdték alkalmazni. A futógörgőkön még csak 16 csavart számlálhatunk.

This Panzerbefehlswagen V Ausf. D was zimmerited afterwards by the troops. The tank was produced before July 1943 as it still has two headlights, however the anti-magnetic paste was used only from September in the same year. The roadwheels still have only 16 bolts.

Gelders Archief

A Panther, mint filmsztár! Az arnhem-i csatáról már közvetlenül a háború után filmet készítettek, amelyben ez a harckocsi is szerepet kapott. Az öntött parancsnoki kupola kivételével semmi nem utal arra, hogy ez egy Ausf. A változat.

The Panther as a movie star! A film was made about The Battle of Arnhem right after the war and this tank took part in it. Except for the cast commander's cupola, there is no other indication as to if it was an Ausf. A.

Gelders Archief

Gelders Archief

Gelders Archief

1943 decemberének végén, az 1. Ukrán Front sávjában készült fénykép egy hátrahagyott, korai gyártású Panther Ausf. A-ról. A páncéloson még nincs zimmerit-bevonat, és a torony oldalán még ott látható a közelharc-nyílás, de a parancsnoki kupola már az új, öntött kivitelezésű változat.

This picture of an abandoned early Panther Ausf. A was taken at the end of December 1943 in the sector of 1st Ukrainian Front. There is no zimmerit coating on the tank and it still has the pistol port opening on the side of the turret. The commander's cupola is the new cast version.

Az 1. páncéloshadosztály 1943 novembere előtt gyártott Panther Ausf. A-ja, amelyről még hiányzik a homlokgéppuska gömbpajzsa.

Panther Ausf. A of 1. Panzer-Division produced before November 1943 without Kugelblende.

Ugyanaz a páncélos oldalról. A zimmeritezés mintázata alapján a harckocsi a D.B.-nél készült. A harcászati azonosítószám második jegyének közepén kivehető a közelharc-nyílás záróeleme.

The same panzer from the side. Due to the zimmerit scheme, this tank was produced by D.B. The cover of the pistol port can be seen in the middle of the turret number.

Valószínűleg egy korai gyártású Panther Ausf. A-t látunk ezen a fényképen – sajnos a parancsnoki kupola, amely egyértelműen dönthetne a kérdésben, nem látszik. A zimmeritezés lehet gyári (Daimler-Benz), de akár tábori kivitelezésű is, a lánctalptagokon még nincs kapaszkodóköröm, az irányzóműszerről pedig eldönthetetlen, hogy egy- vagy kéttávcsöves változat-e.

This is probably an early Panther Ausf. A, unfortunately the commander's cupola – which could clearly decide the issue - cannot be seen. The zimmerit coating could be made either in the factory (Daimler-Benz) or in the field, there are no chevrons on the tracks, and it is impossible to decide whether the gunsight is a monocular or binocular version.

AMC

Az 1. „Leibstandarte SS Adolf Hitler" SS-páncéloshadosztály 1943 novembere előtt, a D.B.-nél gyártott Panther Ausf. A páncélosa. Az 1. SS-páncélosezred I. osztályát már 1943 nyarának végén felszerelték az új páncélosokkal, amelyek azonban „frontszolgálatra alkalmatlan"-nak bizonyultak. A harckocsik leadása után (ezek később a 11. „Nordland" SS-páncélgránátos-hadosztályhoz kerültek) az alakulatot csak 1943 őszén sikerült ellátni megfelelő mennyiségű új Pantherrel, ezek egyike látható a fényképen.

Panther Ausf. A of the 1. SS-Panzer-Division „Leibstandarte SS Adolf Hitler" produced before November 1943 at DB. The I. Abteilung of SS-Panzer-Regiment 1 was already equipped with the new panzers, but these proved to be inadequate for frontline service. After the tanks were given back it would take until the autumn of 1943 before the unit could be completely equipped with new Panthers. One of these tanks can be seen in this picture. (The returned tanks were later sent to the 11. SS-Panzergrenadier-Division „Nordland").

Péter Kocsis

1943 novembere után gyártott Panther Ausf. A. Bár a páncéltestről leégett a zimmeritezés, a tornyon még felfedezhetőek az anti-magnetikus bevonat maradványai. A katona lábainál heverő tárgy a vezető kitekintőnyílásának sérült fedlapja.

Panther Ausf. A produced after November 1943. Although most of the zimmerit has burned down from the hull, its remains can be seen on the turret. The object in front of the soldier is the damaged cover plate of the driver's visor.

Az 1. „Leibstandarte SS Adolf Hitler" SS-páncéloshadosztály 1943 novembere előtt, a D.B.-nél készült Panther Ausf. A-ja a keleti fronton, 1943. december 25-én. Az 1. SS-páncélosezred Panthereinek számozása némileg eltért a szokásostól (akárcsak később a 12. „Hitlerjugend" SS-páncéloshadosztály esetében). A szakaszparancsnoki és az egyes kocsik számának utolsó számjegye 5-6-7-8-9 volt. A képen jól láthatóak a közelharc-nyílások fedelei a torony oldalán és hátulján.

Panther Ausf. A of the 1. SS-Panzer-Division „Leibstandarte SS Adolf Hitler" produced before November 1943 at DB – 25 December 1943 on the Eastern Front. The numbering system of the Panthers of SS-Panzer-Regiment 1 was slightly different from the norm (similar to the 12. SS-Panzer-Division „Hitlerjugend"). The last digit of the turret number on the platoon leader's tank was 5, while on the other tanks of the platoon it was 6, 7, 8 and 9. The picture clearly shows the cover of the pistol ports on the side and back of the turret.

A 16. páncéloshadosztály 1943 novembere előtt készült Panther Ausf. A-ja. A homlokgéppuskát még nem látták el gömb-pajzzsal, az irányzótávcső még a korai, kéttávcsöves kivitelezésű.

Panther Ausf. A of 16. Panzer-Division produced before November 1943. It has no „Kügelblende” and the gunner’s sight is the older, binocular version.

A 16. páncéloshadosztály nagyon korai gyártású Panther Ausf. A-ja. A páncéloson még nincs zimmerit-bevonat, a homlokgéppuskának nincs gömb-pajzsa és az irányzóműszer is korai, kéttávcsöves kivitelezésű. A bal oldai sárvédő zimmeritezett toldalék eleme egy másik páncélosról származhat.

A very early Panther Ausf. A of 16. Panzer-Division. The tank hasn't got zimmerit coating or a Kügelblende yet, and the aiming sight is still the binocular version. The additional mudguard plate on the left side probably originated from another tank.

A 2. páncélosezred (16. páncéloshadosztály) harckocsijai 1944 elején, a keleti fronton. A baloldalon álló Panther Ausf. A 1943 szeptembere és novembere között készült, valószínűleg a D.B.-nél. A homlokgéppuskának még nincs gömb-pajzsa, az irányzóműszer még a kéttávcsöves változat.

Tanks of Pz.Rgt. 2 (16. Panzer-Division) in the beginning of 1944 on the Eastern Front. The Panther Ausf. A on the left was produced between September and November 1943, probably at Daimler-Benz. Its machinegun hasn't got the ball-mount yet and the gunsight is still the binocular version.

Két M.A.N. gyártású Panther Ausf. A műszaki mentés közben. Az elakadt páncélos tornyán a leszerelt köténylemezek láthatóak. A vontatást végző harckocsi a bal kipufogócső melletti két hűtőcső alapján 1944 februárja után készült.

Two Panther Ausf. As produced by M.A.N. during recovery. On the top of the turret of the stuck Panther we can see the removed side skirts. According to the additional cooling pipes beside the left exhaust pipe, the towing Panther was produced on or after February 1944.

Három fénykép a 2. páncélosezred (16. páncéloshadosztály) 1943 novembere előtt készült Panther Ausf. A páncélosáról. A rádiós homlokgéppuskájának még nincs gömbpajzsa, az irányzóműszer pedig még a kéttávcsöves változat.

Three pictures of a Panther Ausf. A of Panzer-Regiment 2 (16. Panzer-Division) produced before November 1943. The tank was still equipped with a binocular gunsight and didn't have the ball mount for the radio operator's machine gun.

A sztálingrádi vereséget követően – ahol az alakulat gyakorlatilag megsemmisült – a 16. páncéloshadosztály újjászervezését 1943 tavaszán kezdték meg Franciaországban, ahonnan az olasz hadszíntérre vezényelték. A Panther-osztály azonban ekkor még felállítás alatt volt, és csak 1944 elején, a keleti fronton csatlakozott anyahadosztályához.

After the defeat at Stalingrad – where the unit was practically destroyed – the reorganization of 16. Panzer-Division was started in spring 1943 in France. From there they were sent to the Italian theatre of war. The Panther-Abteilung was still under reorganization at that time and would not join its parent division until the beginning of 1944 on the Eastern Front.

A képek a keleti fronton készültek 1944 első felében, amikor a 16. páncéloshadosztály a Közép Hadseregcsoport sávjában harcolt (többek között egy rövid ideig a magyar 1. hadsereg alárendeltségében is).

These photos were made on the Eastern Front during the first half of 1944, when the 16. Panzer-Division fought in the sector of Army Group Centre (including a brief period when they were subordinated under the Hungarian 1st Army).

Valószínűleg az 1. páncélosezred (1. páncéloshadosztály) nagyon korai gyártású Panther Ausf. A harckocsijai (illetve középen egy Ausf. D). Ezek a páncélosok mind 1943 novembere előtt készültek: a rádiós géppuskájának még nincs gömbpajzsa, a tornyokon felfedezhető a közelharcnyílás, illetve a kép jobb szélén álló járművön még zimmerit-bevonat sincs.

Very early Panther Ausf. As (and an Ausf. D in the middle), probably from I./Pz.Rgt. 1. All of these tanks were manufactured before November 1943: there is no ball-mount for the radio operator's machine gun, there are openings for close-defence weapons and there is no zimmerit coating on the vehicle standing to the right.

Téli álcázású Panther Ausf. A a keleti fronton, 1944 tavaszán. Az első köténylemez tartókonzoljának sérülésén kívül a páncélos – a sártól eltekintve – szinte gyári újnak tűnik.

Winter whitewashed Panther Ausf. A on the eastern front, spring 1944. Apart from the bracket of the first sideskirt the tank looks brand new.

James Haley

Tipikus jelenet a keleti frontról: a sárban elakadt kerekes járművek a legtöbb esetben csak a lánctalpasok segítségével menekülhettek szorult helyzetükből. A képen, az útnak csak a lehető legnagyobb jóindulattal nevezhető felázott felületről árokba csúszott teherautót egy korai (M.A.N. 1943 novembere előtt gyártott) Panther Ausf. A legénysége igyekszik „vontára" venni.

A typical scene from the Eastern Front: wheeled vehicles stuck in the mud which could only escape with the help of tracked vehicles. The picture shows a truck that has slid into the ditch from the so called „road", from where the crew of an early Panther Ausf. A (produced before November 1943 by M.A.N.) is trying to tow it out.

A 4/I. páncélososztály 1943 novembere előtt gyártott Panther Ausf. A-ja az olaszországi Aprilia közelében. Az alakulatot 1944 januárjának végén szállították délre a szövetségesek anzioi partraszállásának megakadályozása végett. Egy másik, ugyanerről a páncélosról készült fénykép felfedi, hogy a harckocsi végzetét egy, a torony jobb oldalába csapódó találat okozta.

Panther Ausf. A of I./Pz.Rgt. 4 manufactured before November 1943 near Aprilia, Italy. The unit was transferred to the south at the end of January 1944 to prevent the Allied landing at Anzio. Another picutre of the same tank reveals that it was knocked out by a hit on the right side of the turret.

A 2/I. páncélososztály (16. páncéloshadosztály) 1943 őszén gyártott Panther Ausf. A harckocsija. A harcászati azonosítószám második jegyének közepén kivehető a közelharcnyílás záróeleme.

Panther Ausf. A of I./Pz.Rgt. 2 (16. Panzer-Division) produced in autumn 1943. Clearly seen is the cover of the pistol port in the middle of the second digit of the turret number.

A 2. páncélosezred (16. páncéloshadosztály) D.B. gyártású Panther Ausf. A-je 1944 júniusában. A Pantherekhez két géppuskát rendszeresítettek, az egyiket a homlokpáncélzaton elhelyezett gömbpajzsba helyezték, a másikat a lövegpajzsba, párhuzamosítva a löveggel. Amennyiben a szükség úgy hozta, ez utóbbit helyezték át a parancsnoki kupolára szerkesztett légvédelmi géppuska-állványra.

Panther Ausf. A (produced by D.B.) of Panzer-Regiment 2 (16. Panzer-Division) in June 1944. The Panthers had two machine guns as standard – one of them was placed into the ball mount on the glacis plate, while the other was a co-axial weapon with the main gun. If it was needed the latter could be placed on the ring of the commander's cupola.

Valószínűleg az 1. páncéloshadosztály Panther Ausf. A páncélosa 1944 júliusában, Lvovban. Bár a hadosztály magában a városban nem harcolt, elképzelhető, hogy egy javításra oda szállított harckocsiját kénytelen volt hátrahagyni, amikor a német csapatok július 7-én kiürítették a várost. Panthereket csak egyetlen másik alakulat alkalmazott a körzetben, de a 16. páncéloshadosztály 2. páncélosezredének páncélosain jellegzetesen más karakterűek voltak a harcászati azonosítószámok.

Panther Ausf. A probably of 1. Panzer-Division in July 1944, Lvov. Although the division itself didn't fight inside the town, it is possible that they had to leave behind a few tanks under repair when the German troops evacuated the city on 7th of July. There was only one other unit (Panzer-Regiment 2 of 16. Panzer-Division) using Panthers in the sector but those typically had different turret numbers.

Az 5/8. SS-páncélosszázad (5. „Wiking" SS-páncéloshadosztály) Panther Ausf. A páncélosa, amely 1943 novemberében, vagy azután készült. A rádiós homlokgéppuskájának már gömbpajzsa van, amit ettől az időponttól kezdtek alkalmazni.

Panther Ausf. A of 8./SS-Pz.Rgt. 5 (5. SS-Panzer-Division „Wiking"). It was produced on or after November 1943 as it has the ball mount on the glacis plate which was used from this time.

Péter Kocsis

Az 5/5. SS-páncélosszázad (5. „Wiking" SS-páncéloshadosztály) 1943 novembere után készült M.A.N. gyártású Panther Ausf. A-ja 1944 nyarán. A hadosztály 5/II. SS-páncélososztályának járművei nemcsak egyszerű, fehér harcászati azonosítószámaik alapján, de jellegzetes terepmintázatuk segítségével is viszonylag könnyen beazonosíthatóak.

Panther Ausf. A of 5./SS-Pz.Rgt. 5 (5. SS-Panzer-Division „Wiking") during the summer of 1944. The tank was produced after November 1943 by M.A.N. The tanks of II./SS-Pz. Rgt. 5 are relatively easy to identify not only by their simple white turret numbers but also because of their typical camouflage schemes.

Az 5/II. SS-páncélososztály (5. „Wiking" SS-páncéloshadosztály) 1943. november-decemberben gyártott Panther Ausf. A páncélosa, valószínűleg 1944 nyarán. A futógörgőkön már 24 csavar számlálható, a torony hátpáncélján azonban még látható a közelharcnyílás.

Panther Ausf. A of II./SS-Pz.Rgt. 5 (5. SS-Panzer-Division „Wiking") manufactured in November-December 1943. The picture was probably taken in the summer of 1944. It already has 24 bolts on the wheels but it still has the pistol port opening on the back of the turret.

Stefan de Meyer

Az 5/II. SS-páncélososztály (5. „Wiking" SS-páncéloshadosztály) 1943. novemberben, vagy azután gyártott Panther Ausf. A páncélosa javításon. A vezető kitekintőnyílása és a lámpa között kivehető a hadosztályjelzés.

Repairing a Panther Ausf. A of II./SS-Pz.Rgt. 5 (5. SS-Panzer-Division „Wiking") produced on or after November 1943. Clearly seen is the divisional sign between the driver's visor and the headlight.

A 31. páncélosezred (5. páncéloshadosztály) I. osztályának D.B. gyártású Panther Ausf. A-ja. Az alakulatot először 1943 őszén szerelték fel Pantherekkel, és novembertől a 11. páncéloshadosztály alárendeltségében alkalmazták Kirovográd környékén. A heves harcokat követően 1944 elején az osztály megmaradt páncélosait átadták a 15. páncélosezrednek, majd az egységet újrafegyverezték (Grafenwöhrben). A fénykép 1944 júniusában készült Holmban, amikor is az osztály már saját hadosztályának alárendeltségében került bevetésre.

Panther Ausf. A of I./Pz.Rgt. 31 (5. Panzer-Division) produced by D.B. The unit received their first Panthers in the autumn of 1943 and they were subordinated to the 11. Panzer-Division from November around Kirovograd. After the fierce battles in the beginning of 1944 the Abteilung handed over its remaining tanks to the I./Pz.Rgt. 15 (11. Panzer-Division), and the unit was subsequently rebuilt in Grafenwöhr, Germany. The photo was taken in Holm in June 1944 when the Abteilung was already re-joining its own division.

Péter Kocsis

A 31/I. páncélososztályt (5. páncéloshadosztály) 1944 márciusa és májusa között szerelték fel új páncélosokkal. Jól látható a torony oldalán a hadosztály-jelzés, illetve az, hogy még a kötényzetet is zimmerit bevonattal látták el. Érdekes a lövegpajzs fölé tábori körülmények között rögzített védőlemez, amely ekkor még nem volt rendszeresítve – ez csak augusztustól lett állandó tartozék a Panthereken.

The I./Pz.Rgt. 31 received its new tanks between March – May of 1944. Clearly seen is the divisional sign on the side of the turret, and even the side skirts were covered with zimmerit. Note the field-made cover plate above the gun mantlet – which was standard on the Panthers only from August.

AMC

M.N.H. vagy D.B. gyártású, 1944 januárja előtt készült Panther Ausf. A-k. Ezek a páncélosok a 8. páncéloshadosztály „Friebe" harccsoportjának 1944 márciusától augusztusig alárendelt – eredetileg a 6. páncéloshadosztályhoz tartozó – 11/I. páncélososztály harcjárművei. Ebben az időszakban az osztály Brody és Tarnopol körzetében került bevetésre.

Panther Ausf. As produced before January 1944 either by M.N.H. or D.B. These tanks of the I./Pz.Rgt 11 originally belonged to the 6. Panzer-Division. From March to August 1944 they were subordinated to Kampfgruppe „Friebe" of 8. Panzer-Division. During this period the Abteilung fought in the area of Brody and Tarnopol.

Stefan de Meyer

Egy amerikai M8 önjáró tarack halad el egy hátrahagyott Panther Ausf. A mellett Normandiában. Érdekes, hogy a páncélost gallyakkal álcázták, holott a világos árnyalat a farpáncélon égésre utal. Talán nem égett ki teljesen és még javíthatónak ítélték – de mint láthatjuk, a segítség nem érkezett meg időben…

A U.S. M8 self-propelled howitzer passing by an abandoned Panther Ausf. A in Normandy. Interestingly the tank was camouflaged with branches however the lighter shade refers to burning on the rear. Perhaps it wasn't burnt out completely and was considered repairable – but as we can see, they didn't received help on time…

Péter Kocsis

M.A.N. gyártású Panther Ausf. A Normandiában. A lövegpajzs felett látható védőlemezt 1944 augusztusától kezdték el gyárilag felszerelni a Panther Ausf. G-kre. Az Ausf. A-kra utólag, általában tábori körülmények között szerelték fel.

Panther Ausf. A (M.A.N.) in Normandy. The cover plate above the gun mantlet became standard on the Panther Ausf. Gs from August 1944. It was usually mounted on the Ausf. As in the field afterwards.

Kanadai katonák vizsgálják át a 9. „Hohenstaufen" SS-páncéloshadosztály M.N.H. gyártású Panther Ausf. A-ját a franciaországi Saint-André-sur-Orne közelében. A páncélost 1944. július végén lőtték ki a szövetségesek.

Canadian soldiers inspecting a M.A.N. Panther Ausf. A of 9. SS-Panzer-Division „Hohenstaufen" near Saint-André-sur-Orne, France. The tank was knocked out by Allied troops at the end of July 1944.

Péter Kocsis

Amerikai rádiósok a figyelmeztető felirattal mit sem törődve vesznek szemügyre egy látszólag ép Panther Ausf. A-t Normandiában. A páncélos egyetlen látható sérülése a helyéről félig-meddig leszakadt jobb hátsó tároló doboz. A németek valószínűleg üzemanyaghiány miatt voltak kénytelenek hátrahagyni.

U.S radio operators inspecting a seemingly intact Panther Ausf. A in Normandy, ignoring the warning sign. The only visible damage on the tank is the half-torn stowage box on the right rear – it was probably left behind because of the lack of fuel.

Péter Kocsis

A harcászati azonosítószáma alapján ez az 1944 januárjában, a M.A.N.-nál gyártott Panther Ausf. A valószínűleg egy páncélosezred törzséhez tartozott. Figyeljük meg a parancsnoki kupola elé rögzített irányzótüskét, amely a parancsnokot segítette a célok kijelölésében.

Panther Ausf. A built in January 1944 by M.A.N. According to its turret number it probably belonged to the Staff of a Panzer-Regiment. Note the sight vane in front of the commander's cupola which helped the commander to determine the targets.

Kiégett Panther Ausf. A Normandiában. A páncélos valószínűleg a „Panzer Lehr" hadosztály alárendeltségében harcoló 6/I. páncélososztály járműve lehetett, mivel a hadosztály saját Panther-osztálya ekkor még szervezés alatt állt.

Burnt out Panther Ausf. A in Normandy. This tank probably belonged to I./Pz.Rgt. 6 which was subordinated under the „Panzer Lehr" Division as the division's own Panther-Abteilung was still under organization.

1943 november-decemberben, az M.N.H.-nál gyártott Panther Ausf. A. A képen is látható, eredetileg a Bergepanthereken alkalmazott vontató-csatlakozót csak egy igen rövid időszakban szerelték fel a Pantherekre, mivel csökkentette a jármű hasmagasságát.

Panther Ausf. A produced in November-December 1943 by M.N.H. The towing device seen in the picture was originally used on Bergepanthers and it was mounted on Panthers for only a short period as it decreased the ground clearance.

RGAKFD

Forrása szerint ez a fénykép 1944 szeptemberében készült Erdélyben. Itt ekkor két egység használt Panther harckocsikat: a német 23. páncéloshadosztály, illetve a Magyar Királyi Honvédség 2. páncéloshadosztálya. A harcászati azonosítószám stílusa nagy eséllyel kizárja, hogy ez a Panther Ausf. A a német alakulat járműve lett volna. A magyar honvédség 1944 szeptemberének legelején öt darab Panthert kapott, amelyek közül egy került veszteséglistára a hónap folyamán.

According to its source this picture was taken in Transylvania, September 1944. At this time only two units used Panthers here: the German 23. Panzer-Division and the 2. Panzer-Division of the Royal Hungarian Army. The style of the turret number highly excludes the German unit. The Royal Hungarian Army received 5 Panthers at the very beginning of September 1944 and lost one of them during the month.

Péter Kocsis

A 23/II. páncélososztály (23. páncéloshadosztály) „Fischer" páncélozott harccsoportjának Pantherei (elöl egy Ausf. A, mögötte két Ausf. G) 1944. október 26-án Nyíregyházán, a Kossuth téren, a város visszafoglalása után. A páncélosokon jól láthatóak a 23. páncéloshadosztály Panthereire jellemző módosítások egy része: a parancsnoki kupoláról hiányzik a légvédelmi géppuska gyűrűje, a torony oldalára pedig pót lánctagokat erősítettek a páncélvédelem növelésére.

Panthers of Kampfgruppe „Fischer" (II./Pz.Rgt. 23) in Nyíregyháza, Kossuth square, 26 November 1944, shortly after the recapture of the town. In the foreground there is an Ausf. A while behind it there are two Ausf. Gs. Some of the typical modifications are clearly visible on these Panthers of the 23. Panzer-Division: the ring is missing from the commander's cupola, and spare track links are hooked on the side of the turret in order to increase armour protection.

RGAKFD

Valószínűleg az 5. páncéloshadosztály 31. páncélosezredének kiégett, 1943 novembere után gyártott Panther Ausf. A-ja Kurföldön, 1944 őszén. A képen is láthatóhoz hasonló védőlemez található a páncélosezred más Pantherein is. Sérülékenysége miatt a csőtisztító-készlet tároló hengerét a motortérre helyezték.

A burnt out Panther Ausf. A (produced after November 1943) in Kurland, autumn 1944. It probably belonged to Pz.Rgt. 31 of 5. Panzer–Division. Similar cover plates can be seen on other Panthers of the Panzer-Regiment. Because of its vulnerability the tube of the gun cleaning rods was moved to the engine deck.

A 3. „Totenkopf" SS-páncéloshadosztály Panther-osztálya hosszadalmas kiképzést követően 1944 júliusában vehette át páncélosainak zömét. Ezek között mind Ausf. A, illetve Ausf. G változatok is előfordultak. Ez a két fénykép 1944 őszén készült, a lengyelországi Pultuszkban.

The Panther-Abteilung of 3. SS-Panzer-Division „Totenkopf" received most of its Panthers in July 1944 after a long training period (Ausf. As and Ausf. Gs). These two pictures were made in autumn 1944, Pultusk, Poland.

Zimmeritezésük mintázata alapján ez a két „Totenkopf” Panther a Daimler-Benznél készült. A háttérben álló páncélos bal oldali kipufogócsöve mellett jól látható a két hűtőcső és a motor szerelőnyílására rögzített vontató-csatlakozó.

According to the zimmerit coating of these two „Totenkopf” Panthers, they were produced at Daimler-Benz. Next to the left exhaust pipe of the tank in the back the two additional cooling pipes and the towing device fixed on the service opening of the engine can be clearly seen.

Talán valamelyik lebombázott gyár telephelyén készült ez a felvétel két Panther Ausf. A-ról. A kép minősége nem teszi lehetővé, hogy biztosan kijelentsük, de valószínűleg mindkét páncélos kiégett – a bal oldali harckocsin mintha leégtek volna a gumik a futógörgőkről.

This picture of two Panther Ausf. As was probably made in the yard of a bombed out factory. The image quality doesn't allow us to be sure but both of them probably burnt out – the tires of the left tank seem to be burned down.

Ezen az 1944. január-februárban gyártott, kiégett Panzerbefehlswagen Panther Ausf. A-n már függőleges az emelő elhelyezése, ám a bal oldali kipufogó csöve mellől még hiányzik a két hűtőcső. Az egytávcsöves irányzóműszert 1943 novemberének végétől kezdték el alkalmazni. A farpáncél élén látható lemez eredetileg a páncéltest oldalára függesztett pót lánctagok rögzítésére szolgált.

Burnt out Panzerbefehlswagen Panther Ausf. A produced in January-February 1944. The jack is already in the vertical position but the two cooling pipes are still missing from the side of the left exhaust pipe. They started to use the monocular gunsight from the end of November 1943. The metal strip seen on the edge of the rear plate was originally used to hold the spare track links.

Daimler-Benz gyártású Panther Auf. G a nyugati fronton. Figyeljük meg a szerszámtartó keretre festett hasábkeresztet és a durva felületű zimmeritezést!

Panther Ausf. G produced by Daimler-Benz on the Western Front. Note the Balkenkreuz painted on the tool holder and the roughly applied zimmerit coating.

M.N.H. gyártású Panther Ausf. G. A páncéloson jól látható a zimmerit-bevonat és a lövegpajzs fölé szerelt védőlemez, amelyet az M.N.H.-nál 1944 júliustól kezdtek alkalmazni.

Panther Ausf. G produced by M.N.H. Clearly seen is the zimmerit coating and the debris guard plate above the gun mantlet which started to be used by M.N.H. from July 1944.

Paul Johnson

Árokba borult, Panther Ausf. G (M.N.H. 1944. augusztus – szeptember) a nyugati fronton. A páncélossal valószínűleg egy páncéltörő lövedék végzett, aminek bemeneti nyílása jól látható a sérült köténylemezen. Talán ez a találat tűntette el a futógörgő gumírozását is. A vezető figyelőműszerét 1944 augusztusától szerelték fel esővetővel, a zimmeritezést azonban szeptember közepétől leállították.

Panther Ausf. G (M.N.H., August-September 1944) in a ditch on the Western Front. It was probably destroyed by an anti-tank round, which penetrated the side skirt. The tire is probably missing from the wheel because of this. The rainguard above the driver's visor was used from August 1944, but they stopped using zimmerit coating from the middle of September.

1944 augusztusa előtt készült, M.N.H. gyártású Panther Ausf. G, valószínűleg a 19. páncéloshadosztály kötelékéből.

Panther Ausf. G, produced by M.N.H. before August 1944. The tank belonged most probably to 19. Panzer-Division.

Strategia KM

M.A.N. gyártású Panther ausf. G Lengyelországban. A páncélos valószínűleg a 4. páncéloshadosztály 35/I. páncélos osztályának állományába tartozott.

Panther Ausf. G in Poland produced by M.A.N. The tank belonged to I./Pz.Rgt. 35 of 4. Panzer-Division.

D.B. gyártású Panther Ausf. G. A durva felületű zimmerit-bevonat mellett a páncéltest közepére festett hasábkereszt is erre a gyártóra utal.

Panther Ausf. G produced by D.B. Not only the roughly applied zimmerit, but the position of the Balkenkreuz also refers to this company.

1944 augusztusa előtt gyártott Panther Ausf. G. A lövegpajzs feletti védőlemezt 1944 július-augusztustól kezdték el gyárilag felszerelni a Pantherekre, elkerülendő, hogy a ráhulló törmelék akadályozza a löveg függőleges mozgását.

Panther Ausf. G produced before August 1944. The cover plate above the gun mantlet was introduced in July-August 1944 to avoid falling debris blocking the vertical movement of the mantlet.

Paul Johnson

Partváltás során elakadt és hátrahagyott, 1944 júniusa előtt gyártott Panther Ausf. G. A torony tetején még nincsenek rajta a 2 tonnás emelődaru rögzítési pontjai, a lövegpajzs feletti védőlemezt valószínűleg utólag szerelték fel a páncélosra.

Abandoned Panther Ausf. G produced before June 1944. It still doesn't have the attachment points on the top of the turret (to connect the 2 ton crane). The cover plate above the gun mantlet was probably a field made solution.

Paul Johnson

NARA

Panther Ausf. G a luxemburgi Eschdorfban. A torony oldalán, középen látható rögzítési pont alapján feltételezhető, hogy ez egy gyárban végrehajtott újjáépítés során kialakított parancsnoki változat – amennyiben ez a furcsa szerkezet egy antenna alapját képezi. Az újjáépítésre utal az is, hogy a torony peremén látható mérgesgáz-jelző panel tartólemezét 1944 októberétől kezdték el felszerelni a Pantherekre, ugyanakkor a zimmerit-bevonatot már szeptember közepétől nem alkalmazták.

Panther Ausf. G in Eschdorf. Luxemburg. Based on the attachment point in the middle of the turret's side it can be assumed that this is a command version which was converted from a simple Panther during factory rebuild – if this strange device is a mount for an aerial. The brackets of the poison-gas identification panels seen on the edge of the turret were mounted from October 1944 while the zimmerit coating was no longer used from the middle of September so this tank was probably rebuilt.

A 13. páncéloshadosztály 4/II. páncélososztályának megsemmisített Panther Ausf. G-je Budapesten a Retek utcában. Bár ez az utca a február 11-i kitörés egyik fő útvonala volt, ez a páncélos egy szovjet jelentés alapján már február 3-án vagy korábban veszteséglistára került.

Destroyed Panther Ausf. G of II./Pz.Rgt. 4 (13. Panzer-Division) on Retek street, Budapest. This street was one of the main routes of the breakout on 11 February 1945, however this Panther was destroyed earlier – according to a Soviet report, it was knocked out prior to or on 3 February.

1945 nyarán lefényképezett Panther Ausf. G (M.A.N. 1944 augusztusa előtt). A vezető figyelőműszeréről még hiányzik az esővető, illetve a lövegpajzs feletti védőlemez sincs felszerelve. A páncélos (legalábbis a futóműve) kiégett, emiatt nem feszes a lánctalp. A vezető búvónyílásának stopperén egy 7,5 cm-es lőszer magja látható.

Panther Ausf. G (M.A.N. before August 1944) photographed in the summer of 1945. The rainguard is still missing from the driver's visor and there is no cover plate above the gun mantlet either. The tank (or at least its running gear) burnt out, which is why the tracks are loose. There is a 7.5 cm projectile on the stopper of the driver's hatch.

Pierre Tiquet

1944. szeptember-októberében gyártott Panther Ausf. G. A harckocsin még a korábbi, kisebb átmérőjű láncfeszítőkerék látható, amelyet októbertől váltott az új, öntisztító változat.

Panther Ausf. G manufactured in September-October 1944. It still has the earlier idler wheels of smaller diameter, which was changed into the self-cleaning version from October.

1944. októberi gyártású Panther Ausf. G. A láncfeszítőkerék már a megnövelt méretű öntisztító változat, a torony peremén látható a mérgesgáz-jelző panel rögzítési alapja is, ám a páncélost még nem a lángrejtővel ellátott kipufogóval szerelték fel.

Panther Ausf. G produced in October 1944. The idler wheel is already the self-cleaning version with bigger diameter and we can see the bracket of the poison-gas identification panel on the edge of the turret, but it hasn't got the flame suppressors on the exhaust pipes.

Panther Ausf. G a nyugati fronton. A páncéloson már az ún. szakállas lövegpajzs látható, és a toronyra felszerelték a mérgesgáz-jelző panelek tartóit is.

Panther Ausf. G on the western front. It already has the so-called chin mantlet and the brackets for the poison gas identification panels.

Vontatásra előkészített, ám végül hátrahagyott Panther Ausf. G a nyugati fronton. A jobb oldali lánctalpon jól látható egy csúszásgátló kapaszkodóköröm – ezeket általában minden 5-7-ik lánctagra szerelték fel.

Panther Ausf. G on the western front which was prepared for towing but was left behind in the end. Clearly seen is an ice cleat on the right track – they were usually mounted on every 5th-7th link.

Péter Kocsis

Ugyanaz a páncélos egy kicsit más szemszögből. A bal oldali szerszámtartó közepére festett hasábkereszt alapján ez a harckocsi a Daimler-Benz-nél készült. A személyzet a műszaki mentés előtt minden hasznos tárgyat (géppuskákat, szerszámokat) eltávolított a járműről.

The same tank from a different angle. According to the position of the Balkenkreuz on the left side toolholders this vehicle was built by Daimler-Benz. All the useful stuff (machineguns and tools) were removed before recovery.

Kiégett Panther Ausf. G. A tornyon még nincsenek fent a mérgesgáz-jelző panelek rögzítői, amelyeket 1944 októberének elejétől kezdtek alkalmazni.

Burnt out Panther Ausf. G. There are no brackets for the poison gas identification panels which were introduced at the beginning of October 1944.

A 11/I. páncélososztály (6. páncéloshadosztály) 1944. szeptember-októberben az M.N.H.-nál készült Panther Ausf. G-je Magyarországon. Az egység 1944 decemberében érkezett a magyarországi hadszíntérre, ahol először önálló alakulatként került alkalmazásra, majd hamarosan visszakerült saját hadosztályának alárendeltségébe.

Panther Ausf. G of I./Pz.Rgt. 11 (M.N.H., September-October 1944) in Hungary. The unit arrived in the Hungarian theatre of war in December 1944 where they were first used as an independent unit but very soon they returned under the subordination of their own divison.

NARA

A 9. SS-páncélosezred (9. „Hohenstaufen" SS-páncéloshadosztály) M.A.N. gyártású Panther Ausf. G-je. A „Hohenstaufen"-t 1944 őszén szerelték fel új páncélosokkal, majd a II. SS-páncéloshadtest alárendeltségében vetették be a „Wacht am Rhein" hadműveletben. A páncélost 1945. január 13-án lőtték ki az amerikaiak.

Panther Ausf. G of SS-Pz.Rgt. 9 (9. SS-Panzer-Division „Hohenstaufen") produced by M.A.N. The regiment received new tanks in autumn 1944 and they fought under the subordination of II. SS-Panzer-Korp during Operation „Wacht am Rhein". This Panther was knocked out by U.S. troops on 13 January 1945.

AMC

A 2. páncéloshadosztály 3. páncélosezredének 1944 októberében, az M.N.H.-nál gyártott Panther Ausf. G páncélosa a belgiumi Celles-ben. A hadosztály az 5. páncéloshadsereg alárendeltségében részt vett a „Wacht am Rhein" hadműveletben, ezt a harckocsit ekkor, 1944. december 24-én lőtték ki a Szövetségesek.

Panther Ausf. G of Pz.Rgt. 3 of 2. Panzer-Division (M.N.H., October 1944), Celles, Belgium. The division took part in Operation „Wacht am Rhein" under the subordination of 5th Panzer Army, and this Panther was knocked out by Allied troops on 24 December 1944.

AMC

A fényképeken jól látható a gyártóra jellemző terepfestés és a hasábkereszt elhelyezése (a M.A.N. által gyártott páncélosokon szintén előfordult, hogy a toronyra festették). A Pantheren már az emelt ventilátor látható, amely a küzdőtér fűtését szolgálta, de még nem szerelték fel a toronyra a mérgesgáz-jelző panelek alapjait.

We can clearly see in the picture the manufacturer's specific camouflage painting and the positioning of the „Balkenkreuz" (on the Panthers made by M.A.N. it was also painted on the turret's side). This Panther already has the raised fan for the crew compartment heater but it doesn't have the brackets of the poison-gas identification panels yet.

▲
Egy szovjet jelentés szerint ezt a kiégett Panther Ausf. G-t Velencén (egy másik forrás szerint Hercegfalván) lőtték ki a "Konrad 3" hadművelet során – két 85 mm-es lövedék a tornyot, két 76 mm-es lövedék pedig a teknő bal oldalát ütötte át. A páncélos harcászati azonosítószáma "334", szovjet zsákmányszáma 64.

▲
According to a Soviet report this burnt out Panther Ausf. G was knocked out in Velence (another report mentions Hercegfalva) during Operation „Konrad 3". The turret was hit by two 85 mm rounds and the left side of the hull was penetrated by two 76 mm rounds. The turret number was „334" and its trophy number was 64.

TsAMO

▲
Sajnos a korabeli szovjet jelentések sok esetben ellentmondásosak voltak. Az egyik szerint ez a páncélos Pettendtől 1 km-re keletre került veszteséglistára, egy másik állítása szerint Bicskénél lőtték ki. Egy másik fénykép tanúbizonysága szerint az biztos, hogy elveszítésekor még nem volt ennyire siralmas állapotban, és később a 34-es zsákmányszámot kapta.

▲
Sadly a few of the Soviet reports from this period were contradictory. One of these reports says this Panther Ausf. G was knocked out 1 km east of Pettend, another one stated it was lost in Bicske. According to another picture of the same tank, one thing is sure: this panzer wasn't in such a deplorable condition when it was lost. The Panther later received trophy number 34.

TsAMO

Ezt a Panther Ausf. G-t a 188-as magaslatnál lőtték ki a „Konrad 3" hadművelet alatt. A páncélos jobb oldalát két 76 mm-es páncéltörő lövedék ütötte át, megölve a személyzet négy tagját. A harckocsi később a 6-os zsákmányszámot kapta.

This Panther Ausf. G was knocked out at Hill 188 during Operation „Konrad 3". Two 76 mm rounds penetrated the side of the tank and killed three members of the crew. The Panther later received trophy number 6.

TsAMO

A 3. „Totenkopf" SS-páncéloshadosztály Panther Ausf. G-je Magyaralmás körzetében. A páncélost a szovjetek bécsi támadó hadművelete alatt hagyta hátra a személyzete. Érdekes a hasábkereszt elhelyezése, amely valószínűleg a téli meszelés eltávolítása után, egy átfestés során került erre a meglepő helyre. Figyeljük meg a „Totenkopf" páncélosaira jellemző kapaszkodót a motortéren!

Panther Ausf. G of 3. SS-Panzer-Division „Totenkopf" near Magyaralmás. The crew abandoned the vehicle during the Soviet „Vienna Offensive". Interesting to see is the position of the Balkenkreuz, which was probably painted on after the winter camouflage was removed and the vehicle received new camouflage. Note the handle on top of the engine deck which was specific to Totenkopf panzers.

Ez a Panther Ausf. G eredetileg a 130/I. páncélososztály járműve volt, 1945 januárjában azonban – az alakulat kivonásakor – másik egységhez került. A „Konrad 3" hadművelet során kiégett, 35-ös zsákmányszámú Panthert a szovjet jelentés szerint öt találat érte Pettendtől 1 km-re keletre, megölve a személyzet három tagját.

This Panther Ausf. G originally belonged to I./Pz.Rgt.130 but when the Abteilung was pulled out from the Hungarian theatre of war it was handed over to another unit. According to the Soviet report, this tank (trophy number 35) was lost 1 km east of Pettend. Five rounds hit the Panther and killed three members of the crew.

TsAMO

Ezt a Panther Ausf. G-t Baracskán fényképezték le a „Konrad 3" hadművelet után. A páncélost öt 76 mm-es találat tette harcképtelenné, a személyzet azonban kimenekült.

This Panther Ausf. G was photographed in Baracska after Operation „Konrad 3". It was hit by five 76 mm rounds but the crew bailed out.

AMC

A 2. páncéloshadosztály 3. páncélosezredének D.B. gyártású Panther Ausf. G-je Németországban, 1945 márciusában. A képen tisztán kirajzolódik a gyárra jellemző festési mintázat, illetve jól látható a szintén D.B. jellegzetesség a hasábkereszt elhelyezése: hátul a bal oldali tároló dobozon, oldalt elöl pedig a szerszámtartó kereten.

Panther Ausf. G of Pz.Rgt. 3 (2. Panzer-Division) in Germany, March 1945. Clearly seen are the specifications of the manufacturer: the camouflage scheme and the positioning of the „Balkenkreuz" (on the left rear stowage box and on the front side tool holder.)

Az 1. „LSSAH" SS-páncéloshadosztály Panther Ausf. G-je a Dunántúlon. A páncélost 1945 márciusának végén lőtték ki a szovjetek a bécsi támadó hadművelet során. Érdekes az utolsó lengőkarra szerelt fémgörgő és a torony oldalára hegesztett öt gyűrű, amely különböző álcázóanyagok rögzítésére szolgált – ezeket a megoldásokat az M.A.N. valószínűleg már 1944 decemberétől alkalmazta a Panthereken.

Panther Ausf. G of 1. SS-Panzer-Division „LSSAH" in Western Hungary. The tank was knocked out at the end of March 1945 during the Soviet „Vienna Offensive". Note the steel road wheel on the last station and the five attachment rings on the turret side. (These solutions were used by M.A.N. beginning in December 1944.)

Paul Johnson

A 2105. páncélososztály (105. páncélosdandár) Panzerbefehlswagen Panther Ausf. G-je, a belgiumi Eynattennél. A dandárt 1944 szeptemberében betagolták a 9. páncéloshadosztályba, a fénykép is ebben a hónapban készült. A páncéloson látható terepfestés több, 1944. június-júliusban gyártott Pantheren felbukkan, elképzelhető, hogy ez volt az egyik első szabványosított mintázat. (Lásd a „Panther on the battlefield Vol. 1" 70. oldalán ugyanennek az alakulatnak az ugyanilyen festésű páncélosát!)

Panzerbefehlswagen Panther Ausf. G of Panther-Abteilung 2105 (105. Panzer-Brigade) at Eynatte, Belgium. The brigade was incorporated into the 9. Panzer-Division in September 1944 and the picture was taken in the same month. We can also see this camouflage scheme on the Panthers made in June-July 1944 so it is possible that this was one of the first standardized schemes. (See the same unit's Panther with the same camouflage on the 70th page of „Panther on the battlefield Vol. 1"!)

A SOROZAT EDDIG MEGJELENT KÖTETEI
AVAILABLE IN THIS SERIES

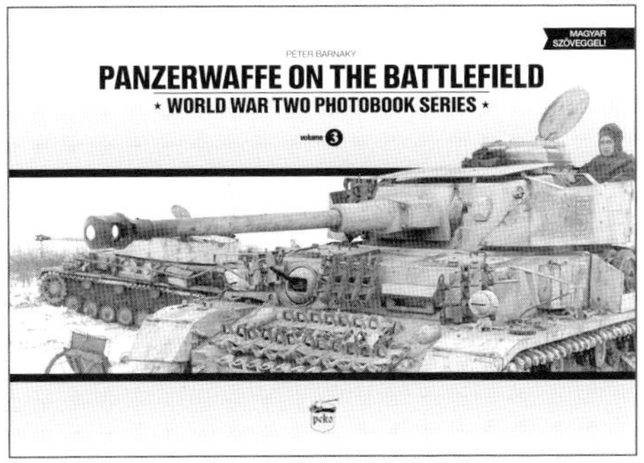

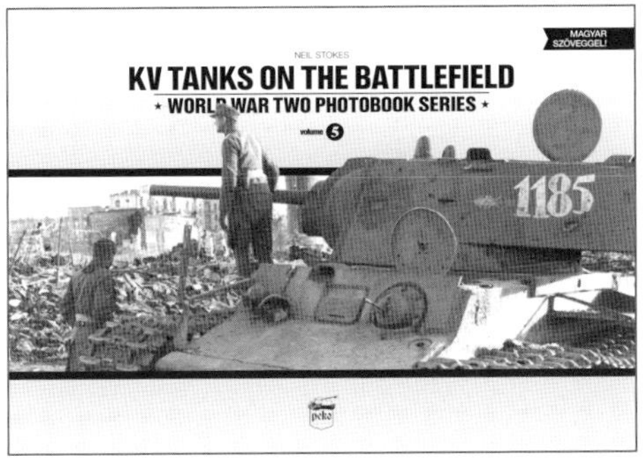

COMING SOON!

MAGYAR
SZÖVEGGEL!
NEIL STOKES
SU-76 ON THE BATTLEFIELD
★ WORLD WAR TWO PHOTOBOOK SERIES ★
volume 12
peko